杜杨 主编

走进神秘家族：空气

U0390065

化学工业出版社

·北京·

本书通过知识介绍和探究实验辅助的形式，解读关于空气的一些有趣的问题，包括空气的组成、空气的性质、空气的作用、空气污染等。本书在介绍知识的同时，设置动手环节，选取生活中常见的物品进行实验，融知识性与趣味性于一体，适合小学生及其家长、教师阅读参考。

图书在版编目（CIP）数据

走进神秘家族：空气/杜杨主编. —北京：化学工业
出版社，2018.2
ISBN 978-7-122-31077-4

Ⅰ．①走…　Ⅱ．①杜…　Ⅲ.①空气-儿童读物
Ⅳ.①P42-49

中国版本图书馆CIP数据核字（2017）第292794号

责任编辑：曾照华　　　　　　　　　　　　　　　　　　装帧设计：尹琳琳
责任校对：王　静

出版发行：化学工业出版社(北京市东城区青年湖南街13号　邮政编码100011)
印　　装：北京瑞禾彩色印刷有限公司
710mm×1000mm　1/12　印张7　字数63千字　2018年5月北京第1版第1次印刷

购书咨询：010-64518888（传真：010-64519686）　售后服务：010-64518899
网　　址：http://www.cip.com.cn

空气，无色、无味，看不见也摸不着，自由自在地在我们身边流动，是人们最熟悉不过的了。可是，你真的了解它吗？它的性质、它的组成，它的特点……人类关于空气成分的研究前后经历了一百多年，无数的科学家进行了不计其数的实验才对空气有了全面深入的认识！通过缜密思考、无数次实验，伟大的科学家们在探究空气组成的道路上进行着艰苦的跋涉，最终探明了空气的组成。原来，空气不是孤单一"人"，而是一个"大家族"，每个成员的脾气、性格各不相同，它们紧拥在一起，组成了空气大家庭。

本书将带领小朋友们进入空气的世界，跟随科学家的脚步认识空气家族的成员。小朋友们可以把自己想象成小小科学家，看看你能不能发现空气的奥秘？在快乐阅读的同时你还可以自己动手做做实验，像科学家发现新问题一样，边做边观察、边记录、边思考，获得思维的发展和锻炼。本书从实验药品、仪器的绿色化、生活化、安全性、方便易得等方面进行综合考量，精选了一些材料易得、操作简便、绿色安全的小实验。小朋友可以试试看，自己摸清空气家族各成员的脾气，体会探究的乐趣，获得成功的喜悦！

本书是重庆市科技传播与普及资助项目（项目号cstc2016kp-ysczA0017）《走进神秘家族：空气》成果。参与本书编写和实验设计的主要成员有杜杨、宋佳蔚、余可馨、王建云、王熙来、牛聪帅、来秋婷、姚元杰。王勉、张恒、安晶晶、李桥生、刘嘉萱、石琦、刁楷鉴为本书拍摄了部分实验照片。陈俊华、张秀红、何厅厅、范钦莉参加了本书的统稿工作。全书最后由杜杨修改、定稿。

由于能力所限，书中难免存在不足之处，还望广大读者提出宝贵意见。

编者

2018 年 3 月

目 录
—— contents ——

1/10

11/22

第一章 看不见的精灵——空气

小朋友们，拿起你手边的塑料袋在空中挥舞一下，立即把口扎紧，就可以看到塑料袋鼓起来了，里面充满了一种无色透明的"东西"，这就是空气！它无色、无味，平时难以发觉，但是它切切实实地存在于我们周围，与我们的生活息息相关。

空气家族有哪些成员？谁发现了它们？怎么发现的？让我们带着这些问号一起坐上时光机，回到三百多年前，一窥那神奇、曲折的探索过程吧！

一、科学家们的空气探索之旅

空气覆盖在地球的表面。它透明，无色、无味，平时我们几乎不会注意到它，甚至常常忘记它的存在。其实，生活中有许多常见现象的发生都有空气家族成员的参与，如植物的生长、新鲜蔬菜速冻、动物呼吸、铁制品生锈、苏打水和汽水起泡、闪烁的霓虹灯放射出五彩缤纷的光芒等。

由于空气是无色、透明的，肉眼不容易观察，加上研究工具和方法的限制，人类对空气家族"成员"的探索及不同成员"脾气性格"的认识经历了漫长而艰难的过程。

1. "活泼调皮"的氧气

氧气可以说是我们最熟悉的气体之一了，氧气约占空气体积的21%，构成人体的物质中约有2/3是氧元素，可以说没有氧就无法构成生命。氧气的发现过程可谓异常曲折，且听我细细道来。

在18世纪，德国化学家施塔尔（1660—1734）等人提出"燃素理论"，认为一切可以燃烧的物质由灰和"燃素"组成，物质燃烧后剩下来的是灰，而燃素本身变成了光和热，散到空中了。这个学说忽略了空气中存在与燃烧有关的物质的可能性，却在当时被大多数科学家相信了。在1771—1772年间，瑞典化学家舍勒（1742—1786）在加热红色的氧化汞、黑色的氧化锰、硝石等时制得了氧气，把燃着的蜡烛放在这个气体中，火烧得更加明亮，他把这个气体称为"火空气"。1774年8月，英国科学家普利斯特里（1733—1804）在用一个直径达一英尺（1英尺＝0.30米）的聚光透镜加热密闭在玻璃钟罩内的氧化汞时得到了氧气，他发现物质在这种气体里燃烧比在空气中燃烧更强烈，他称这种气体为"脱去燃素的空气"。舍勒和普利斯特里是两位非

常伟大的科学家，却因为一时的墨守成规，无法打破"燃素说"的桎梏，虽然制出了氧气却不知道它的"真面目"。

相较而言，法国化学家拉瓦锡（1743—1794）却敢于挑战"权威"，他在研究燃烧实验时对"燃素说"产生了质疑。正好普利斯特里来到巴黎，向拉瓦锡分享了他之前有关氧气的实验，拉瓦锡立刻意识到这个实验的重要性，于是拉瓦锡做了更精细的实验。由于这个实验连续进行了二十天，所以被人们称为

英国科学家
普利斯特里

瑞典化学家
舍勒

法国化学家
拉瓦锡

"二十天实验"。实验装置如下图所示。

那个瓶颈弯曲的瓶子，叫做"曲颈甑"，瓶中装有水银。瓶颈通过水银槽，与一个钟形的玻璃钟罩相通。玻璃钟罩内是空气。

拉瓦锡用火炉昼夜不停地加热曲颈甑中的水银。在水银发亮的表面，很快出现了红色的渣滓，红色的渣滓越来越多。直到第十二天，拉瓦锡和助手发现，红色渣滓不再增多了。他们继续加热，一直到第二十天，红色渣滓仍不增多，才结束了实验。实验结束时，玻璃钟罩里空气的体积大约减少了1/5。这个"马拉松"式漫长的实验，成为化学史上著名的实验。拉瓦锡收集了红色的渣滓，用高温加热。渣滓分解了，重新释放出气体，得到的气体体积正好与原先玻璃钟罩中失去的气体体积相等。

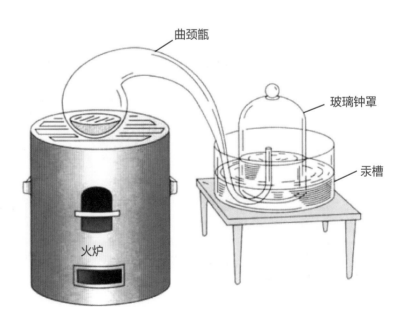

曲颈甑

玻璃钟罩

汞槽

火炉

拉瓦锡把那约占空气总体积 1/5 的气体，称为"氧气"。剩下的约占空气总体积 4/5 的气体，既不能帮助燃烧，也不能供呼吸用，拉瓦锡称它为"氮气"。

1775 年 4 月，拉瓦锡向法国巴黎科学院提出报告——公布了氧的发现。就这样，千百年来被人们当作"元素"的空气，终于被拉瓦锡揭开了真面目——原来，空气是由氧气、氮气等气体混合组成的。

德国著名思想家、哲学家恩格斯，在《资本论》第二卷序言中提到："普利斯特里和舍勒析出了氧气，但不知道他们所析出的是什么。他们为'既有的''燃素说'范畴所束缚。这种本来可以推翻全部燃素说观点并使化学发生革命的元素，在他们手中没有能结出果实。"拉瓦锡一生虽然没有发明过新化合物和新化学反应，但他是历史上最杰出的化学家之一，他杰出的才能表现在他能看到旧理论的主要弱点，并能把有用的事实与更正确、更全面的

上面的三位科学家带领我们发现了"氧气"这位重要的小伙伴。本来，舍勒和普利斯特里是首先发现氧气的幸运儿，你知道为什么他们却与它擦肩而过了呢？

新理论结合起来。

2. "稳重低调"的氮气

氮气不像"气体明星"——氧气那样为人熟知，却是空气最主要的成分，约占空气体积的 78%。氮气性质稳定，但是含氮的化合物却很多，例如麻醉用的"笑气"、TNT 炸药、各种肥料以及氨基酸等。对于生物来说，氮同氧一样都是不可缺少的，氮气

的发现也与氧气有着千丝万缕的关系。

1771—1772年，瑞典化学家舍勒做了一系列实验制取了氧气，他根据自己的实验，认识到空气是由两种彼此不同的成分组成的，即支持燃烧的"火空气"和不支持燃烧的"无效的空气"。1772年，英国科学家卡文迪什（1731—1810）也曾分离出氮气，并称其为"窒息的空气"。同年，英国科学家普利斯特里通过实验也得到了这种既不支持燃烧，也不能维持生命的气体，他称之为"被燃素饱和了的空气"，意思是说，因为它吸足了燃素，所以失去了支持燃烧的能力。

然而，这三位科学家都没有意识到自己发现了什么，更没有将其发现公诸于世。直到1772年9月，苏格兰化学家丹尼尔·卢瑟福（1749—1819）发表了一篇极有影响的论文——《固定空气和浊气导论》（原稿现保存在英国博物馆）。他在论文中描述了氮气的性质，这种气体不能维持动物的生命，既不能被石灰水吸收，又不能被碱吸收，有灭火的性质，

英国科学家
卡文迪什

苏格兰化学家
丹尼尔·卢瑟福

清末科学家
徐寿

他称这种气体为"浊气"或"毒气"，此时氮终于走入了人们的视野。

可以看到，历史总是惊人的相似，丹尼尔虽然发现了氮气，却和普利斯特里、舍勒等科学家一样受到"燃素说"的影响，都没有认识到"浊气"是空气的一个组成成分。"浊气""被燃素饱和了的空气""窒息的空气""无效的空气"等名称都没有被接受作为氮的最终名称。氮这个名称是1790年由法国化学家沙普塔（1756—1832）提出的。今天的"氮"的拉丁文名称 *Nitrogenium* 来自英文 Nitrogen，是"硝石的组成者"的意思，化学符号为 N。我国清末科学家徐寿（1818—1884）在第一次把氮译成中文时曾写成"淡气"，意思是说，它"冲淡"了空气中的氧气。

3. "举足轻重"的二氧化碳

二氧化碳是一种无色、无味、不可燃烧的气体，它仅约占空气体积的0.03%，却是支持植物光合作用的重要因素，也是空气中常见的温室气体，我们的呼吸与它息息相关。二氧化碳的发现史比较漫长，从发现它的存在到探寻出它的性质，经历了许多科学家不懈的研究。

早在公元300年以前，我国西晋时期的张华就在他所写的《博物志》一书中作了烧白石作白灰有气体发生的记载（即白石灰高温加热会分解产生二氧化碳气体）。17世纪初，比利时化学家范·海尔蒙特（1580—1644）发现在一些洞穴中有一种可以使燃烧着的蜡烛或火把熄灭的气体，并且它与木炭燃烧、麦子发酵、葡萄发酵后产生的气体一样。但是，这种气体是由什么组成的，为何来源不同性质却相同，海尔蒙特也只知其然，不知其所以然。

1755年，英国化学家布拉克（1728—1799）开始定量地研究这种气体。他一次次把石灰石放到容器里煅烧，烧透后再一次次仔细称量剩余固体质量，

西晋政治家
张华

比利时化学家
范·海尔蒙特

英国化学家
布拉克

英国化学家、物理学家
约翰·道尔顿

发现每次都减轻了 44%；改用酸与石灰石反应，并用一定量的石灰水来捕捉反应时生成的气体，发现石灰水能很好地捕捉住这些气体，而且又刚好是 44%；这种气体不烧不出来，好像固定在石灰石中一样，他把它叫作"固定空气"。接着布拉克将燃烧的蜡烛、麻雀、小老鼠等放在这种"固定空气"里，发现这种气体跟一般的空气大不一样，它能熄灭蜡烛，还会无情地扼杀麻雀、小老鼠的生命！布拉克和其他科学家还想进一步在水面上收集一些极纯净的这种气体，但由于这种气体能溶在水里所以始终

没取得成功。不过 10 年以后，英国科学家卡文迪什（1731—1810）想出了一个好方法——他把这种气体通入水银槽，然后再在水银表面上收集到纯净的气体，测量了其密度和溶解性，并证明了它和动物呼出、木炭燃烧所产生的气体相同。

1772 年，法国化学家拉瓦锡等人用纯氧与纯炭进行燃烧实验，发现只生成一种气体，得出该气体是由碳、氧两种元素组成的化合物。后来，人们用更精确的实验方法并经约翰·道尔顿（1766—1844）等

英国物理学家约翰·斯特拉特

英国化学家威廉·拉姆塞

许多化学家的努力，才证明它的分子中碳原子、氧原子的个数比为 1：2。就这样，经历了约 150 年，经过许多化学家的不懈努力，人类才真正认识了今天为人熟知的二氧化碳气体。

4."五彩斑斓"的稀有气体

夜晚，灯火璀璨的商业楼宇间，霓虹灯闪烁着绚丽多彩的光芒，秘密就是稀有气体！"稀有气体"，顾名思义，在空气中所占比例比较小，所有稀有气体加起来约占空气体积的 0.94%。稀有气体指的并不是某一种气体，而是一类气体的总称，主要包括氦、氖、氩、氪、氙、氡，最主要的成分是氩气。

早在 1785 年，英国科学家卡文迪什在研究空气组成时，发现一个奇怪的现象：当时人们已经知道空气中含有氮、氧、二氧化碳等，卡文迪什把空气中的这些成分清除干净后，发现还残留少量气体。可惜这个现象当时并没有引起化学家们应有的重视。谁也没有想到，就在这少量气体里竟藏着一个化学元素家族！一百多年后，英国物理学家约翰·斯特拉特（1842—1919，第三代瑞利男爵）与化学家威廉·拉姆塞（1852—1916）合作，把空气中的氮气和氧气除去，用光谱分析鉴定剩余气体，终于在 1894 年发现了氩。1895 年 3 月，威廉·拉姆塞宣布发现氩。后来，其他稀有气体陆续被发现。

翻阅科学历史的篇章，我们已经了解了空气家族的各个"成员"是如何在科学家的努力与智慧下被揭开神秘面纱的！接下来我们需要思考的是，人类如何从空气中分离、收集它们，将其应用到生产生活中呢？

二、空气的分离方法

空气家族的成员本领各不相同，当我们需要其中某个成员单独发挥作用时，就需要将它从空气中分离出来。通常采用的方法是空气液化，即将空气由气体变为液体。通常情况下，空气是气体状态的，水是液体状态的。工业生产中，通过空气深冷液化设备对空气进行压缩或者降温，可以将空气由无色透明的气体状态变为淡蓝色的液体状态。液化后的空气在逐步升温或减压的过程中，各成员由于"性格"不同，会在不同条件下变成气体，在对应条件下即可收集相应的空气成员。例如，液化后升高温度，在 -196℃先逸出的气体是氮气，这时收集到的气体为氮气。在 -183℃时，氧气才逸出。

除此之外，还可以通过变压吸附法、膜分离等方法制备氧气和氮气，当然还有许多更好、更先进的方法等待着你去探索发现。

第二章

生命之气——氧气

　　小朋友，请你试着把鼻子捏住，同时闭紧嘴巴，过十几秒钟会有什么感觉？是不是感觉非常难受？这时，如果能自由呼吸新鲜的空气，一定会感到幸福无比吧！

　　无法呼吸或呼吸不畅时，人会感到头昏、恶心、心慌气短、胸闷、胸痛，这是缺氧的表现。氧气是支持我们呼吸生存的伙伴，就像食物和水，是人体代谢活动的关键物质，是生命运动的第一需要，营养物质在身体里必须通过与氧气发生一系列的生物、化学反应，才能产生和释放出我们日常活动所需的能量。长时间大脑缺氧会造成不可逆转的损害，甚至脑死亡。一般性的"体内缺氧"，即使不会直接发生生命危险，也会对身体健康造成损伤。因此，处于缺氧环境（如海拔2700米以上的高原地区）时，最好带上氧气袋，以备缺氧时使用。

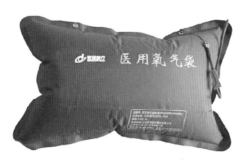

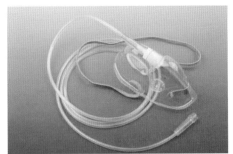

想一想

你还知道生活中有哪些现象与氧气有关吗?

切好的土豆丝或者苹果暴露在空气中，几分钟后就会氧化变色。天然气、煤或者柴草的燃烧，也离不开氧气。此外，在冶炼、航空器发射、潜水、医疗抢救中，氧气也发挥着巨大作用。

一、神通广大的我！

我在常温常压（25℃，标准大气压）下是一种无色、无味的气体，化学性质比较活泼，具有氧化性，能和许多物质发生反应产生新物质。下面，一起来

看看我的威力吧！

1. 炼铁小超人！

钢铁制品大家一定不会感到陌生，但是人们在冶炼钢铁时常常会因为大量杂质无法轻易除去而苦恼，有了我的帮助，这些问题就可以迎刃而解了。工程师们在炼钢过程中吹以高纯度氧气，在高温时，我的"社交能力"更强了，生性活泼的我便和碳及磷、硫、硅等交上了朋友，发生氧化反应，带着它们离开了铁水出去玩儿。你可不要小瞧哦，这不仅能调

节钢的含碳量（含碳量影响钢铁的硬度和韧性），还能清除磷、硫、硅等其他杂质，是不是超级厉害！同时，氧化过程中产生的热量足以维持炼钢所需的温度。因此，我的"加盟"不仅缩短了冶炼时间，同时提高了钢的质量。

2."润"物细无声！

金属在生活中应用非常广泛，它们普遍富有延展性，容易导电、导热等，是重要的物质资源。但是在我的"关心"下，它们往往会毫无招架之力，强度、塑性、韧性等品质会显著降低，这一过程也被称为金属腐蚀。金属的腐蚀现象很常见，如铁制品生锈、铝制品表面出现白斑、铜制品表面产生铜绿、银器表面变黑等都属于金属腐蚀，其中，铁制品的腐蚀最为常见。铁制品长期暴露在空气中，可以和氧气发生氧化反应，这一过程无声无息，不知不觉地慢慢进行着。铁容易生锈，不仅仅是因为它

的化学性质活泼，外界条件也很重要。水是使铁容易生锈的物质之一。然而，只有水也不会使铁生锈，只有当空气中的氧气溶解在水里时，氧在有水的环境中与铁反应，才会生成氧化铁，这就是铁锈。铁锈是棕红色的，它不像铁那么坚硬，很容易脱落，如果不及时除去，由于海绵状的铁锈特别容易吸收水分，铁就会生锈得更快。

防止铁生锈的方法很多，一般情况下常常采用保护性覆盖，比如在其表面镀上不容易生锈的金属，或者涂上涂料，定期维护。更彻底的办法是在铁中加入一些其他金属，制成不锈的合金。我们熟悉的不锈钢，就是在钢中加入一点镍和铬而制成的合金。

3. 切割金属我在行！

一些美国大片里，经常会出现一些高科技的手法，比如特工能轻而易举地切开厚重的金属堡垒，

酷劲十足地冲进去，出色地完成任务。你知道其中的奥秘吗？其实，我是完成任务的"主角"呢！

在金属的切割和焊接中用的是纯度93.5%~99.2%的氧气与可燃气体混合，产生极高温度的火焰，从而使金属熔融而实现切割的方法。这种方法被称为"氧气切割"，又称"气割"。这种方法具有设备简单、灵活方便、不受场地狭窄或物件大小的局限、质量好等优点，适用于切割厚度较大、尺寸较长的废钢，如大块废钢板等。氧气切割是废钢铁加工的主要方法之一，在金属回收部门应用广泛。

4. 保卫祖国我有份！

在国防科技中，武器装备的研制至关重要，我也贡献了自己的力量！在航天、潜艇和炸药领域都有我的身影。液态氧是现代火箭最好的助燃剂，与燃料混合点燃后形成高温气体，以极高速度喷出，产生强大的推力。超音速飞机因速度快、目标散射

截面小、机动性强等特点对导弹防御系统威胁很大，还可以在轨道上执行打击敌方卫星的任务，被称为轨道作战的"多面手"，是现代战争极其有效的打击工具。超音速飞机中也需要液态氧作助燃剂。可燃物质与液态氧接触后具有强烈的爆炸性，可制作液氧炸药。

5. 健康长寿我护航！

在医疗抢救、登山运动、深海潜水和太空探索时人们常常能看到我的身影，为人体健康保驾护航。呼吸时，空气中的氧气从肺部吸入后，氧就经毛细血管进入到血液中，由血液传送给身体各部位器官或细胞使用，而二氧化碳在血液中可以起到类似激素的作用，刺激人体进行呼吸。血液中含氧量越高，人的新陈代谢就越好。但如果你认为吸纯氧最好，那就大错特错了！医院氧气瓶中并不是纯氧，只不过是浓度比较高的氧气，这是因为如果吸纯氧的话，会导致呼吸肌停止呼吸，后果相当严重。

6. 请叫我"魔术师"!

悄悄告诉你,我会变魔术哦!想学吗?

魔术一　大象牙膏

◎你需要准备

30%的双氧水、洗衣液、碘化钾粉末、量筒、烧杯、药匙。

◎动手吧

用量筒分别量取 10 毫升 30% 双氧水（过氧化氢）、2 毫升洗衣液，倒入烧杯中。然后用勺子取 2 克碘化钾粉末倒入烧杯中，观察现象。

 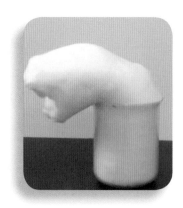 

◎说说看

你看到了什么现象呢？　_____

我们的实验成功了吗？　_____

◎原来如此

过氧化氢在碘化钾的催化下分解，产生大量氧气。氧气在逸出过程中遇到洗衣液，产生许多泡沫，在氧气的推动下泡沫喷涌而出，就出现了实验中的效果。因其像一条巨大的牙膏，像是给大象准备的，故被人们称为"大象牙膏"。

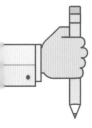

资料卡片
　　过氧化氢的化学式是 H_2O_2，其水溶液俗称双氧水，常用于医用伤口消毒及环境消毒和食品消毒，在生活中广泛应用。

安全提示：实验产生大量氧气，请远离明火，注意安全。

魔术二　嗨起来，在氧气中舞蹈！

蜡烛在空气中能安静地燃烧，而我能让它跳舞！一起动手试试看吧！

◎你需要准备

蜡烛两支、打火机一个、一瓶盛满氧气的玻璃瓶（用玻璃片盖住玻璃瓶口）、燃烧匙（盛放蜡烛）一枚。

   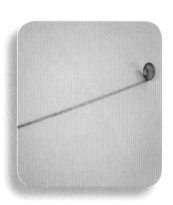

◎动手吧

将一支蜡烛在空气中点燃，再将另一支蜡烛点燃，放在燃烧匙上，伸入盛有氧气的玻璃瓶中，观察两支蜡烛的火焰大小。

◎说说看

你看到了什么现象呢？　哪支蜡烛燃烧得更剧烈？　_____

我们的实验成功了吗？　_____

⚠️ **安全提示：** 实验中用到打火机和点燃的蜡烛，温度较高，请在空旷无风处进行实验，注意安全，避免烫伤和引发火灾。

还有很多与氧气有关的趣味魔术，小科学家们可以自己上网查找资料，动手试试看！

7. 换种方式加"油"！

生活中，汽车是人们出行的重要工具。汽车跑起来需要燃料，无论是汽油还是柴油，都在发动机中与空气中的氧气混合后点燃，释放出能量推动汽车前进。这个过程是将燃料的化学能转化为热能，热能再转化为活塞运动的机械能并对外输出动力。行进过程中，汽车尾气中的污染物会释放到空气中，产生污染。

能否换一种方式为汽车加"油"呢？科学家不断地探索清洁、绿色的新能源，锂空气电池应运而生。锂空气电池是一种新型燃料电池，性能是锂离子电池的 10 倍，可以提供与汽油同等的能量。锂空气电池从空气中吸收氧气充电，因此这种电池可以更小、更轻。金属锂反应后可回收，作为燃料进行再利用。这是化学能转化为电能，电能又转化为机械能的过程，满足了人们对动力性和环保性的要求。

二、在家也能制氧气！

◎你需要准备

医用双氧水（30% 过氧化氢）、新鲜土豆研磨成泥、新鲜动物肝脏研磨成泥、300 毫升塑料饮料瓶 2 个、一次性注射器 1 个、水盆、长吸管、打火机、小木条。

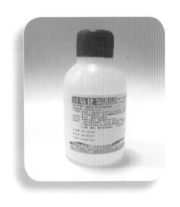

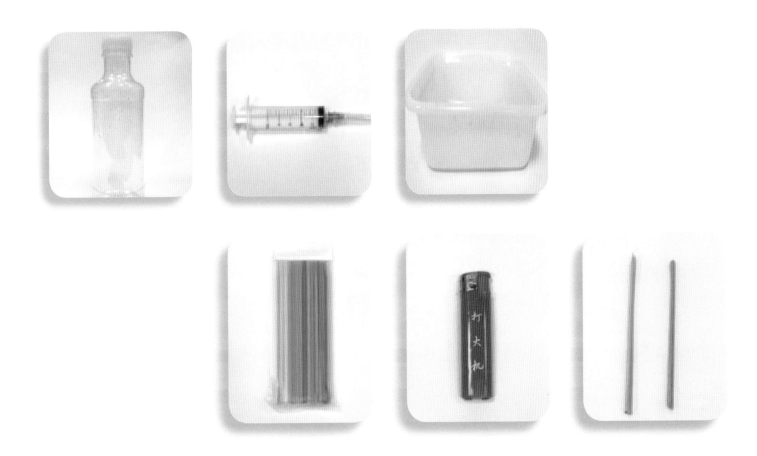

◎动手吧

（一）组装实验装置

1. 清洗。将一次性注射器、塑料饮料瓶等清洗干净。

2. 连接吸管。将 2 ~ 3 根长吸管连接起来，做成长导气管。

3. 打孔。在 1 个塑料饮料瓶的瓶盖上钻两个孔，分别与注射器针头、吸管恰好大小（打孔的位置稍微靠边，勿在瓶盖中央）。

（二）可以做实验啦！

1. 连接装置，检查气密性。检查装置有没有漏气。将装置搭好之后，把插有吸管的塑料饮料瓶放到温水中，将另一端的吸管插入装有水的水盆中，看看是否有气泡冒出。若有，则证明装置没有漏气；若没有，则需要重新检查哪里连接得不紧密。

2. 取实验原料。将新鲜土豆磨成泥（或新鲜动物肝脏磨成泥），取 1 勺放到塑料饮料瓶中，用注射器吸取 2 毫升 30% 的过氧化氢液体。

3. 进行实验。将注射器内的药品缓慢注入塑料饮料瓶 1（左侧有盖的）中，吸管另一端伸入塑料饮料瓶 2 底部收集氧气，注意慢慢加入双氧水，控制反应速度，不要进行得太剧烈。

4. 检验气体。用带火星的小木条伸入充有氧气的塑料饮料瓶 2 内，观察木条有没有重新燃起来。

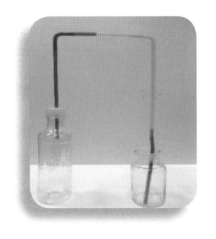 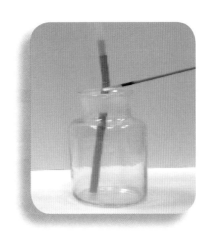

◎说说看

你看到了什么现象呢？ _____

我们的实验成功了吗？ _____

◎原来如此

H_2O_2 在新鲜动物肝脏或新鲜土豆中酶的催化下，发生分解，产生氧气。氧气具有助燃性。

◎试一试

比一比，新鲜动物肝脏和新鲜土豆哪个更厉害？

向两支试管中装入等体积、等浓度的双氧水。同时向试管1中放入新鲜动物肝脏研磨泥，向试管2中放入新鲜土豆研磨泥，然后将带火星的小木条分别伸到试管口处，仔细观察。哪只试管产生的气泡多？木条有没有重新燃烧起来？

 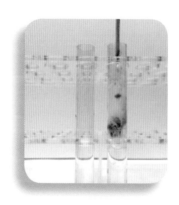

◎想一想

为什么带火星的木条遇到氧气会重新燃烧起来呢？

◎我知道了

通过上面的实验，我发现氧气可是支持燃烧的"好帮手"！

第三章

碳循环舞台的主角——二氧化碳

一提到二氧化碳，我们一定不会感到陌生，因为生活中处处可见它的身影。植物的生长、梦幻般云雾缭绕的舞台、冰淇淋蛋糕的保存、美味可口的汽水、温室效应、我们呼出的气体中都有它。

你发现了吗？二氧化碳像孙悟空一样，身形百变呢！通常它是无色透明的气体，可是有时摇身一变，像冰块一样，散发着凉意；有时如云如雾；有时它还会调皮地躲进水里不出来，跟我们捉迷藏。下面让我们一起认识一下这位会"七十二变"的空气家族的成员吧！

常温时，二氧化碳是一种无色、无味、不助燃、不可燃的气体。密度比空气大，能溶于水，与水反应生成碳酸。二氧化碳压缩成固态后俗称干冰。二氧化碳在空气中的体积仅约占 0.03%。

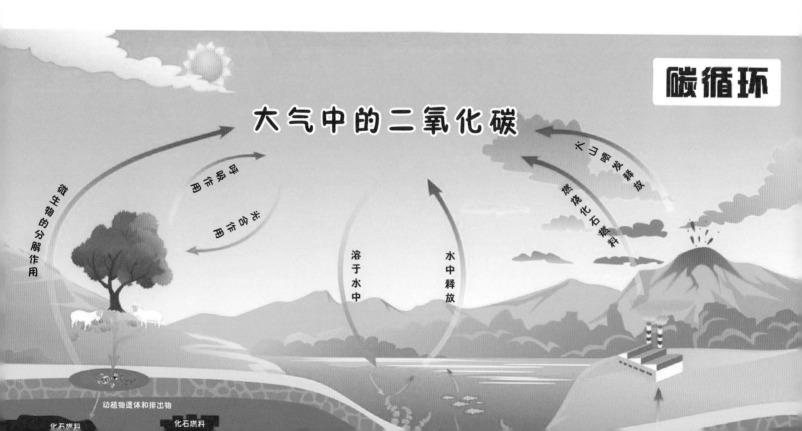

碳循环

大气中的二氧化碳

分解作用　呼吸作用　光合作用　溶于水中　水中释放　火山喷发释放　石油化石燃料燃烧释放

动植物遗体和排出物　化石燃料　化石燃料

一、谁说我不是主角？

别看我在空气中所占的体积小，但是在自然生态平衡中我可是主角！所有动物在呼吸过程中，都要吸收氧气吐出二氧化碳。而所有绿色植物都吸收二氧化碳而释放出氧气，进行光合作用。就这样，二氧化碳在自然生态平衡中，进行无声无息的循环。

1. 植物的"面包"！

植物中的叶绿体在可见光的照射下，经过光反应和碳反应，利用光合色素，将二氧化碳和水转化为有机物，并释放出氧气的过程被称作光合作用。光合作用是一种将光能转变为有机物中化学能的能量转化过程，是生物界赖以生存的基础。一定范围内，二氧化碳的浓度越高，植物的光合作用也越强，因此二氧化碳是最好的气肥。美国科学家研究发现，二氧化碳在农作物的生长旺盛期和成熟期使用，增产效果最显著。气肥发展前途很大，目前科学家正在研究每种作物究竟吸收多少二氧化碳效果最好。

2. 欢迎走进梦幻世界！

在一些晚会的舞台上，如果要制造如梦如幻的云雾效果，我就要出场了！此时我的名字叫"干冰"，顾名思义，是像冰一样的固体，即固态的二氧化碳。"干冰"的温度非常低，温度为 $-78.5℃$。"干冰"在常温下就可以迅速地升华（由固态直接变化为气态），升华要吸收热量，这会使空气的温度降低，空气中的水蒸气遇冷就会液化形成"雾"，大量使用后会出现惟妙惟肖的云海效果。

3. 美味汽水 DIY！

在炎热的夏天或者运动过后，来一瓶冰镇汽水，那是再舒服不过的了！汽水等碳酸饮料因含有二氧化碳，能通过蒸发带走体内的热量，起到降温作用。固态的二氧化碳（或干冰）在常温下会气化，吸收大量的热，因此常用在冷冻食品的制作、保存和运输中。

我们一起动手，制作适合自己口味的汽水！

◎你需要准备

食盐、白糖、食用小苏打、食用柠檬酸、果汁、矿泉水。

◎动手吧

步骤 1: 拧开矿泉水瓶盖，倒出 110 毫升的水。

步骤 2: 根据喜好加入适量的白糖及果汁。

步骤 3: 加入 2 克食用小苏打（碳酸氢钠），搅拌溶解。

步骤 4: 迅速加入 2 克食用柠檬酸，并立即将瓶盖压紧，使生成的气体不能逸出，而溶解在水里。

步骤 5: 将瓶子放置在冰箱中降温、冷藏。经过一段时间，美味的汽水就制好啦！快邀请家人品尝一下你的汽水吧！

◎原来如此

我们知道，汽水是矿泉水经过消毒，加入适量白糖、果汁和香精，并充以二氧化碳制成的。因此，我们利用食用柠檬酸与食用小苏打反应可以生成二氧化碳，成功地制得了口感酸爽的汽水。化学是很奇妙的，只要你开动脑筋，就会有很多意想不到的发现。

4. 我是灭火小能手！

既然二氧化碳不燃烧也不支持燃烧，那么我们可以利用这个特殊的性质做些什么呢？生活中，走廊里的泡沫灭火器就是利用了二氧化碳的这个性质来消灭火灾。下面，让我们自己动手，当回小小消防员吧！

◎你需要准备

烧杯（或敞口玻璃杯）、蜡烛 2 支、打火机、装有二氧化碳的广口瓶。

◎动手吧

步骤1：点燃蜡烛。拿起广口瓶，准备灭火。

步骤2：沿着短蜡烛一端的烧杯壁，缓缓倾倒二氧化碳。

◎说说看

你看到了什么现象呢？　_____

我们的实验成功了吗？　_____

燃着的蜡烛依次熄灭，且矮的蜡烛先熄灭，高的蜡烛后熄灭。

注意：并不是所有大火都可以用二氧化碳扑灭的。比如，金属钠、镁等导致的大火，如果用二氧化碳，只会促进金属的燃烧，而帮倒忙啦！

◎想一想

根据上面的实验现象，我们知道在一般情况下，二氧化碳不支持燃烧。除此之外，你还能发现二氧化碳的什么性质？为什么矮的蜡烛先熄灭，高的蜡烛后熄灭？

◎原来如此

二氧化碳密度比空气大，即比空气重一些。倾倒时，二氧化碳会先沉到烧杯的底部，当高于矮蜡烛的火焰时，矮蜡烛先熄灭；随着倒入的量越来越多，直到超过高蜡烛的火焰，高蜡烛才会熄灭。

5. 魔术师来也！

小朋友们，跟二氧化碳有关的魔术也有很多呢！下面我们一起试试吧！

魔术一　会跳舞的可乐!

◎你需要准备

可乐一瓶、曼妥思薄荷糖一条。

◎动手吧

步骤1: 在户外寻找一个空旷处进行实验, 拧开可乐瓶瓶盖。

步骤2: 将两颗曼妥思薄荷糖加入可乐瓶中, 迅速离开。在10米远处观察。

◎说说看

你看到了什么现象呢？　_____

我们的实验成功了吗？　_____

糖放入的瞬间，气泡立刻涌现，而且逐渐增多，速度加快。约过 3～4 秒，"喷泉"出现，高度约为20厘米，持续约 10～13 秒。

◎原来如此

每颗曼妥思薄荷糖里含有数千个小毛孔，它们促使二氧化碳泡沫在可乐饮料中形成。二氧化碳泡沫在薄荷糖周围形成后，当薄荷糖下降至瓶底时，引起二氧化碳喷涌而出，产生喷泉效应。

魔术二　会吞鸡蛋的瓶子！

小朋友，你见过会吞鸡蛋的瓶子吗？

◎你需要准备

盛满二氧化碳气体的广口瓶、剥开的鸡蛋、氢氧化钠。

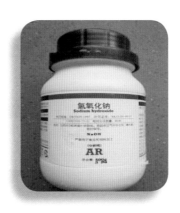

◎动手吧

步骤1：向盛满二氧化碳的广口瓶中迅速加入一定量的氢氧化钠溶液。

步骤2：迅速将鸡蛋的小头堵住瓶口，振荡广口瓶。

步骤3：静置，观察现象。

◎说说看

你看到了什么现象？ _____

我们的实验成功了吗？ _____

可以看到鸡蛋逐渐地被瓶子吞入"肚中"。

◎原来如此

二氧化碳与氢氧化钠发生了反应，瓶内的气体迅速减少，导致瓶中压强减小，从而使鸡蛋被大气压压入瓶中。

安全提示：氢氧化钠具有腐蚀性，要在老师的指导下进行实验，取用时佩戴护目镜和手套。

魔术三　白云朵朵！

你想要拥有一朵棉花糖一样的云朵吗？今天就让我们自己制作一朵吧！

◎你需要准备

干冰、泡泡水、烧杯。

◎动手吧

步骤1：将泡泡水倒入烧杯。

步骤2：向烧杯中加入干冰。

步骤3：可以用手捧起一朵朵惹人怜的白云啦！

◎说说看

你看到了什么现象呢？ _____

我们的实验成功了吗？ _____

◎原来如此

干冰是固态的二氧化碳，干冰极易升华，升华可见白雾，白雾填充在泡泡中形成一朵朵白云。

暴露在空气中的干冰

6. 屠狗洞的秘密！

探险家在探索山洞时会点着一个火把，你知道火把的作用吗？读懂下面的故事你就清楚了。

在意大利某地有个奇怪的山洞，人走进这个山洞安然无恙，而狗走进洞里就一命呜呼了。因此，当地居民就称之为"屠狗洞"，迷信的人还说洞里有一种叫做"屠狗"的妖怪。小朋友们，你知道其中的奥秘吗？

原来，这是一个石灰岩洞。石灰岩（主要成分是碳酸钙）难溶于水，但雨水中溶有少量的二氧化碳时，碳酸钙遇到二氧化碳和水会发生化学侵蚀，生成可溶的碳酸氢钙。

当溶解有碳酸氢钙的地下水流进溶洞再钻出岩缝时，由于气温升高，会发生分解反应，分解为不溶于水的碳酸钙、水和二氧化碳。

这样，洞中的二氧化碳浓度会逐渐增大，由于它的密度大于空气，二氧化碳大量沉聚在地面附近，形成一定高度的二氧化碳气层。人的个子高，二氧化碳层只能淹没到膝盖，进洞后呼吸不受影响。但是，狗进洞后，由于个子矮，处在低处，则会淹没在二氧化碳气层里，因缺氧而窒息死亡，这就是屠狗洞屠狗而不伤人的道理。

因此，在进入山洞或菜窖中之前，人们通常会借助火把或烛火试探洞中有没有氧气，保证安全。火不灭，就有氧，火灭，就说明氧气不足，危险。

7. 谁让地球"发烧"了？

二氧化碳气体具有吸热和隔热的功能。它在大气中增多的结果是形成一种无形的"玻璃罩"，使太阳辐射到地球上的热量无法向外层空间发散，其结果是地球表面变热起来。因此，二氧化碳也被称为温室气体。水汽、二氧化碳、氧化亚氮、氟利昂、甲烷等是地球大气中主要的温室气体。这种温室气体使地球变得更温暖的影响称为"温室效应"。

温室效应主要是由于社会现代化工业过多燃烧煤炭、石油和天然气，这些燃料燃烧后放出大量的二氧化碳气体进入大气造成的。它会带来严重的恶果，如：地球上的病虫害增加、冰川融化海平面上升、气候反常、土地干旱、沙漠化面积增大等。科学家预测，如果地球表面温度的升高按现在的速度继续发展，到2050年全球温度将上升2～4℃，南北极地冰山将大幅度融化，导致海平面大大上升，一些岛屿国家和沿海城市将淹没于水中。

为减少大气中过多的二氧化碳，一方面需要人们尽量节约用电，绿色出行，减少使用一次性方便木筷，节约纸张。另一方面还要保护好森林和海洋，比如不乱砍滥伐森林、植树造林、不践踏草坪，使绿色植物多吸收二氧化碳来帮助减缓温室效应。

二、猜猜看，"我"藏在哪儿了？

家庭小实验一　鸡蛋壳也会吹泡泡！

◎你需要准备

鸡蛋壳（含碳酸钙）、食醋、食盐、透明玻璃杯、小勺。

◎动手吧

步骤1：将鸡蛋壳置于透明玻璃杯中，用小勺加入少量食盐。

步骤2：向玻璃杯中倒入适量食醋，没过鸡蛋壳。

◎说说看

你看到了什么现象呢？_____

我们的实验成功了吗？_____

蛋壳表面渐渐产生大量气泡，慢慢向上漂浮。生成的气体无色、无味。

◎原来如此

鸡蛋壳中含有很多碳酸钙，而醋属于酸的一种，二者反应会产生二氧化碳，二氧化碳气泡附在鸡蛋表面，增加了蛋壳的浮力，所以蛋壳会向上浮起。

上面的实验产生二氧化碳的速度较慢，不利于气体收集，下面我们一起试试另一种方法来制备它。

家庭小实验二　小苏打也来帮忙！

◎你需要准备

食醋、食用小苏打（苏打药片）、塑料瓶、气球、漏斗。

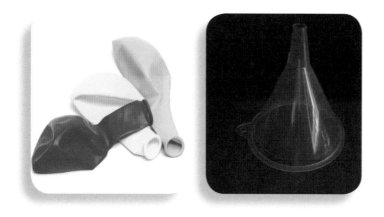

◎动手吧

步骤1：通过漏斗将食用小苏打放入气球中。

步骤2：向塑料瓶中倒入食醋，并在塑料瓶口处套上气球（注意不要让食用小苏打进入到塑料瓶中）。

步骤3：将气球竖立，使其中的食用小苏打进入到塑料瓶中（注意用手紧紧握住瓶口）。

◎说说看

你看到了什么现象呢？　_____

我们的实验成功了吗？　_____

塑料瓶中有大量气泡产生，气球逐渐胀大。

家庭小实验三　看我呼出了什么?

◎你需要准备

吸管、装有澄清石灰水的杯子。

◎动手吧

用长吸管向澄清石灰水中吹气，多试几次，观察石灰水的变化。

◎说说看

你看到了什么现象？ _____

澄清石灰水变浑浊了。

◎原来如此

我们呼出的气体中含有代谢的二氧化碳（同时含水蒸气、氧气、氮气等），二氧化碳遇到澄清石灰水（主要成分为氢氧化钙）会反应生成碳酸钙白色沉淀。通常，我们会用澄清石灰水检验二氧化碳气体。

第四章　空气家族的老大——空气家族的老大——氮气

我们知道透明的空气包含着许多耀眼的"明星"，比如能让我们持续生命的氧气、能让植物发生光合作用的二氧化碳、作为生命之源的水蒸气等，但是空气中含量最多的是什么吗？它是一种无色、无味、性质稳定，却又在我们生活中发挥重要作用的气体——氮气！它就像一位敦厚而睿智的"长老"，在我们的生活中、大自然的运转中默默发挥着巨大的作用，让我们一起来揭开这位"长老"的神秘面纱吧！

氮气，通常状况下是一种无色、无味的气体，比空气的密度小。氮气约占大气总量的78%（体积分数），是空气的主要成分，但它一点儿也不骄傲，"性子"安静内敛，常温下很难与其他物质发生反应。但它在高温、高能量条件下可用来制取对人类有用的新物质。

一、我的本领大着呢！

1. 植物的"营养素"！

我的重要本领是能与其他元素一起作为肥料，为植物生长提供重要帮助。氮是植物生活中具有重要意义的一个营养元素，是植物体内氨基酸的组成部分，是构成蛋白质的成分，也是植物进行光合作用起决定作用的叶绿素的组成部分。植物缺氮时，会长得矮小瘦弱、叶子浅绿、基部老叶变黄，干燥时呈褐色，光合作用会受到影响。若果树缺氮，则

表现为果小、果少、果皮硬等现象。施用氮肥不仅能提高农产品的产量，还能提高农产品的质量。

2. 保鲜界的"大明星"！

对水果、蔬菜、茶叶等进行充氮贮藏、保鲜也是一种最先进的方法。此法可使水果、蔬菜、茶叶等在高氮低氧的环境中，减缓新陈代谢，好似进入冬眠状态，抑制后熟，从而可长期保鲜。用氮气排空气对大米、小麦、大麦、玉米和稻谷等粮食进行保管可以防止虫蛀、不发热、不霉变。这种方法是将粮食用塑料严密封闭，先抽成真空状态，然后再充入纯度约为 98% 的氮气。这样可使粮堆中缺氧，

降低粮食的呼吸强度，抑制微生物的繁殖，蛀虫在 36 小时内因缺氧而全部死亡。这种方法不仅可节省大量费用，而且能保持粮食的新鲜和营养价值，防止细菌传染和药物污染。

作为深度制冷剂，因具有化学惰性，液氮可以直接和生物组织接触，立即冷冻而不会破坏生物活性，因此可以用于迅速冷冻和运输食品、制作冰品。

在常压下，液氮温度为 $-196℃$。人体皮肤直接接触液氮瞬间是没有问题的，超过 2 秒会冻伤且不可逆转！在接触液氮时，一定要带上防冻手套！

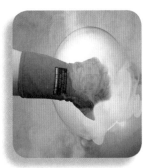

3. 为超导体"保驾护航"！

磁悬浮列车利用电磁体"同性相斥"原理，让磁铁具有抗拒地心引力的能力，使车体悬浮在轨道上方，腾空行驶，因此具有快速、低耗、环保、安全、震动小、舒适性较好等优点。超导磁悬浮，是利用超导体的抗磁性实现磁悬浮的。氮气化学性质稳定，易制取，可作低温环境的制冷剂，是保持超导材料需要的低温环境的最佳选择。

二、捕捉我可不容易！

固氮就是将空气中的氮气转化为化合态氮（氮气与其他元素结合成稳定的新物质）的过程，称为固氮。目前固氮的方法主要有三种：生物固氮、雷电固氮、人工固氮。

1. 秘密武器在地下！

生物固氮是指固氮微生物将大气中的氮还原成氨的过程。固氮微生物固定的氮的量远远超过人工固氮和雷电固氮。生物固氮所固定的氮素占世界上固氮量的90%，同时促进了生态圈物质的循环，因此生物固氮在整个生物界具有极为重要的意义。

豆科植物的根瘤菌、牧草和其他禾本科作物根部的固氮螺旋杆菌、固氮蓝藻、自生固氮菌体内都

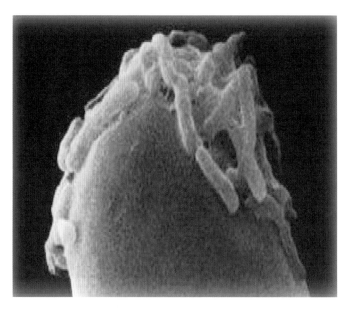

含有固氮酶，这些酶有固氮作用。可谓"微小的生命也能有巨大的作用"！

2. 电闪雷鸣我不怕！

闪电能使空气里的氮气转化为一氧化氮，一次闪电能生成 80 ~ 1500 千克的一氧化氮，小读者们是不是觉得这个数字很大呢？然而，对于全球的生物数量而言，这是远远不够的，并且雷电固氮所产生的氮素很难被收集利用，难以满足农业生产的需求。不过农民伯伯有句老话叫"雷雨肥庄稼"，说的正是雷电固氮的功劳！

3. 不断探索的科学家们！

为了提高农作物的产量，满足人类生存的需要，人工固氮一直是许多科学家探寻的方向。目前，实现人工固氮主要领域是合成氨。氨是化肥工业和基本有机化工的主要原料。工业上通常用氢气和氮气在催化剂、高温、高压下合成氨，这种合成氨的方法为"哈伯－博施法"，以纪念德国化学家哈伯（1868—1934）和博施（1874—1940）在这一领域的巨大贡献。

这是具有世界意义的人工固氮技术的重大成就，是化工生产实现高温、高压、催化反应的第一个里程碑，它结束了人类完全依靠天然氮肥的历史。

合成氨工业在 20 世纪初期形成，开始用氨作火炸药工业的原料，为战争服务。第一次世界大战结束后，转向为农业、工业服务。

德国化学家博施

德国化学家哈伯

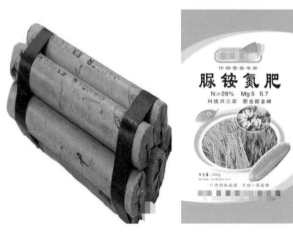

三、地球最重要的循环之一——氮循环

氮循环是指自然界中氮气和含氮化合物之间相互转换过程的生态系统的循环转化过程，是生物圈内基本的物质循环之一。

植物吸收土壤中的铵盐和硝酸盐，进而将这些无机氮同化成植物体内的蛋白质等有机氮。动物直接或间接以植物为食物，将植物体内的有机氮同化成动物体内的有机氮。这一过程为生物体内有机氮的合成。

动植物的遗体、排出物和残落物中的有机氮被微生物分解后形成氨，这一过程是氨化作用。在有氧的条件下，土壤中的氨或铵盐在硝化细菌的作用下最终氧化成硝酸盐，这一过程叫做硝化作用。氨化作用和硝化作用产生的无机氮，都能被植物吸收利用。

在氧气不足的条件下，土壤中的硝酸盐被反硝化细菌等多种微生物还原成亚硝酸盐，并且进一步还原成分子态氮，分子态氮则返回到大气中，这一过程被称作反硝化作用。

固氮是分子态氮被还原成氨和其他含氮化合物的过程。

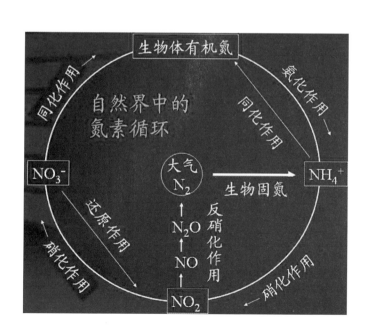

第五章 五彩斑斓的神秘气体——稀有气体

每当夜幕降临时，华灯初上，五颜六色的霓虹灯就把城市装扮得格外美丽。为什么霓虹灯会发出如此颜色漂亮的灯光呢？

一、大奖来了！

1892 年，英国物理学家约翰·斯特拉特和化学家威廉·拉姆塞，揭开了卡文迪什实验中残余的稀有气体之谜。约翰·斯特拉特善于精确地测量气体的密度，发现这种残余气体的密度比纯氮气要高出约0.5%。拉姆塞以更为精密的方法重复了卡文迪什的实验，继而和约翰·斯特拉特共同研究了这种气体的发射光谱，借助分光技术，发现这种气体所发射的谱线是一种未知元素的谱线，因此是一种新元素。他们用一个在希腊文里表示"惰性"的字来命名这种气体元素，这就是后来称之为氩的元素。接着拉姆塞等又从空气中陆续分离出惰性气体家族中的其他成员，并分别命名为氦、氖、氪、氙、氡，一起构成了元素周期表中的第八主族，统称为惰性气体（即稀有气体）。

1904 年，约翰·斯特拉特和拉姆塞分别获得诺贝尔物理学奖和化学奖，以表彰他们在稀有气体领域的发现。瑞典皇家科学院主席西德布洛姆致词说："即使前人未能确认该族中任何一个元素，却依然能发现一个新的元素族，这是在化学历史上独一无二的，对科学发展有本质上的特殊意义。"

二、惰性气体真的"懒惰"吗？

稀有气体是无色、无臭、无味的气体。刚开始，人们发现它们的性质很稳定，一般不与其他物质发生化学反应，所以称其为惰性气体。但随着科学研究的进展，通过一些反应，人们得到了稀有气体与其他物质反应生成的稀有气体化合物。所以，现在说它"懒"，可就有点儿不合适了。

1. 我们都很"稳重"！

稀有气体极不活泼，常作保护气。例如，在焊

知识卡片

氦气、氖气、氩气、氪气、氙气这五种气体，是空气中的组成成分，在空气中含量极微，故称稀有气体。五种气体中，氩气在空气中的体积含量相对最多，约达 0.93%，其余四种稀有气体之和在空气中的体积含量也不足 0.003%，尤其是氙气特别稀少，因此氙气与氪气有时被称为黄金气体。

接精密零件或镁、铝等活泼金属，以及制造半导体晶体管的过程中，常用氩气作保护气。原子能反应堆的核燃料——钚，在空气里也会迅速氧化，也需要在氩气保护下进行机械加工。电灯泡里充氩气可以减少钨丝的气化和防止钨丝氧化，以延长灯泡的使用寿命。氦气和氩气都用作焊接电弧的保护气和贱金属的焊接及切割的惰性保护气，它们在其他冶

金过程和半导体硅的工业生产中同样有着广泛应用。

2. 激光器来了！

利用稀有气体可以制成多种混合气体激光器。氦-氖激光器就是其中之一。氦、氖混合气体被密封在一个特制的石英管中，在外界高频振荡器的激励下，混合气体的原子间发生非弹性碰撞，被激发的原子之间发生能量传递，进而产生电子跃迁，并发出与跃迁相对应的受激辐射波——近红外光。氦-氖激光器可应用于测量和通信。

3. 帮你实现飞天梦！

氦气是除了氢气以外最轻的气体，可以代替氢气用于填充气球或装在飞船里，它的性质很稳定，

不会着火和发生爆炸。

4. 五颜六色的霓虹灯！

氖气、氦气、氩气、氪气、氙气在高压真空管中通电时能发出不同的色光，五颜六色，犹如天空美丽的彩虹，霓虹灯也由此得名。

氖气常用来填充霓虹灯管、灯泡、等离子球等。

等离子球又名电子魔球、魔灯、闪电球等，是采用高新科技最新研制的高级灯饰工艺品。它的外层是高强度玻璃球壳，球内充有稀薄的惰性气体，玻璃球中央有一个黑色球状电极。球的底部有一块电路板，通电后产生高频电压电场，球内稀薄气体发生电离，产生辐射状的辉光，绚丽多彩，光芒四射，在黑暗中非常漂亮。当用手（人与大地相连）触及球时，球周围的电场、电势分

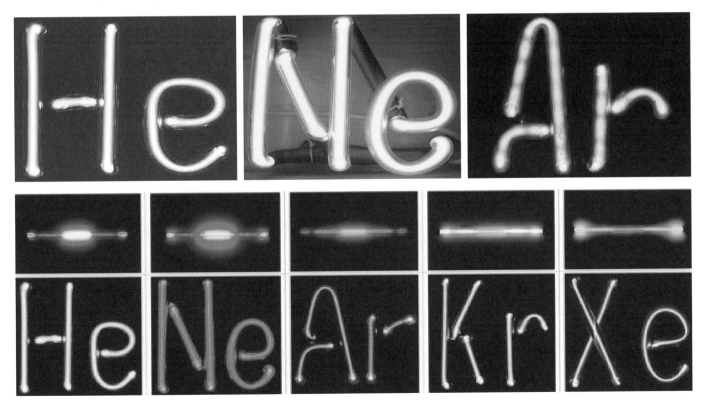

布不再均匀对称，因此光线在手指的周围处变得更为明亮，产生的弧线随着手的触摸移动而游动扭曲。

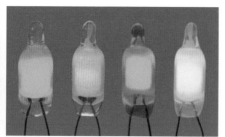

此外，稀有气体还广泛用于照明，如汽车大灯里含有氙气，交通指示灯中含有氖气等。

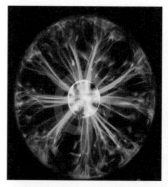
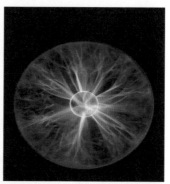

5. 探索海洋深处的奥秘！

氦气还用来代替氮气作人造空气，供深海潜水员呼吸。因为在压强较大的深海里，用普通空气呼吸，会有较多的氮气溶解在血液里。当潜水员从深海处上升，体内逐渐恢复常压时，溶解在血液里的氮气要放出来形成气泡，对微血管起阻塞作用，引起"气塞症"。氦气在血液里的溶解度比氮气小得多，用氦跟氧的混合气体（人造空气）代替普通空气，就不会发生上述现象。

6. 医生的好帮手！

氙灯不仅能发光，还具有高度的紫外光辐射，可用于医疗技术方面。氙气能溶于细胞质的油脂里，引起细胞的麻醉和膨胀，从而使神经末梢作用暂时停止。人们曾试用80%氙气和20%氧气组成的混合气体，作为无副作用的麻醉剂。氪、氙的同位素还被用来测量脑血流量等。

7. 亦"正"亦"邪"的家伙！

氡气是自然界唯一的天然放射性气体，这个"坏"家伙在作用于人体的同时会很快衰变成人体能吸收的氡子体，从而进入人体的呼吸系统造成辐射损伤，诱发肺癌。一般在劣质装修材料中的镭杂质会衰变释放氡气体，从而对人体造成伤害。体外辐射主要是指天然石材中的辐射体直接照射人体后产生一种生物效果，会对人体内的造血器官、神经系统、生殖系统和消化系统造成损伤。然而，氡也有着它"好"的一面，将铍粉和氡密封在管子内，氡衰变时放出的 α 粒子与铍原子核进行核反应，产生的中子可用作实验室的中子源。氡还可用作气体示踪剂，用于检测管道泄漏和研究气体运动。

第六章

空气中的隐形杀手——空气污染物

纯净清新的空气总是令人向往！但是，工业文明和城市发展在为人类创造巨大财富的同时，数十亿吨计的废气和废物也随之产生，排入大气，人类赖以生存的大气圈成了空中垃圾库和毒气库。当大气中的有害气体和污染物达到一定浓度时，就会对人类和环境带来巨大灾难。

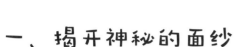
一、揭开神秘的面纱

大气污染物主要分为两类，即天然污染物和人为污染物。引起公害的往往是人为污染物，它们主要来源于燃料燃烧和大规模的工矿企业。主要包含颗粒物、氮氧化物、硫氧化物、碳氧化物、碳氢化合物和其他有害物质等。

污染物	组成
颗粒物	指大气中液体、固体状物质，又称尘。例如，PM2.5
硫氧化物	硫的氧化物的总称，包括二氧化硫、三氧化硫、三氧化二硫、一氧化硫等
碳氧化物	主要是一氧化碳（二氧化碳不属于大气污染物）
氮氧化物	是氮的氧化物的总称，包括一氧化二氮、一氧化氮、二氧化氮、三氧化二氮等
碳氢化合物	以碳元素和氢元素形成的化合物，如甲烷、乙烷等烃类气体
其他有害物质	如重金属类、含氟气体、含氯气体等

1. 隐形杀手之氮氧化物

氮氧化物的家族成员具有不同程度的毒性，主要成员如下。

家族成员	特性
一氧化二氮	一种令人愉悦的气体
一氧化氮	有毒、易燃
二氧化氮	对肺组织具有强烈的刺激性和腐蚀性

续表

家族成员	特性
三氧化二氮	有毒、助燃，损害呼吸道
四氧化二氮	气体，二氧化氮的二聚体
五氧化二氮	固体，硝酸的酸酐

（1）一种令人愉悦的气体——一氧化二氮

一氧化二氮是无色、有甜味气体，闻了它的人们会产生愉悦的心情，因此被称为"笑气"。除了带来欢乐，它还可以用于医药麻醉，为病人减轻痛苦。

英国化学家戴维（1778—1829）发现了它的麻醉作用和致人发笑的特点。在亲身感受过笑气后，戴维写下如下感受："我并非在可乐的梦幻中，我却为狂喜所支配；我胸怀内并未燃烧着可耻的火，两颊却泛出玫瑰一般的红。我的眼充满着闪耀的光辉，我的嘴喃喃不已地自语，我的四肢简直不知所措，好像有新生的权力附上我的身体"。

英国化学家
戴维

不过好东西可不能贪多！大量吸入笑气会使人因缺氧而窒息致死。

笑气在生活中应用广泛，可以作为助燃剂、火箭氧化剂、小动物麻醉和食品加工助剂等。

（2）一氧化氮与二氧化氮

一氧化氮是无色、无味的气体，难溶于水，有毒。它的化学性质非常活泼。当它与氧气反应后，可形成具有腐蚀性的气体——二氧化氮。二氧化氮是一种棕红色、高度活性的气态物质，又称过氧化氮。二氧化氮可与水反应生成硝酸。硝酸是一种具有强氧化性、腐蚀性的强酸。

人为产生的二氧化氮主要来自高温燃烧过程的释放，比如机动车尾气、锅炉废气的排放等。　二氧化氮还是酸雨的成因之一。

酸雨的危害是多方面的，对人体健康、生态系统和建筑设施都有直接和潜在的危害。酸雨可使儿童免疫功能下降，慢性咽炎、支气管哮喘发病率增加，同时可使老人眼部、呼吸道患病率增加。对生态系统而言，酸雨通过三条途径危害生物的生存和发育：一是使生物中毒或枯竭死亡，二是减缓生物的正常发育，三是降低生物对病虫害的抗御能力。植物在生长期中长期接触大气的污染，损伤了叶面，减弱了光合作用；伤害了内部结构，使植物枯萎，直至死亡。酸雨对仪器、设备和建筑物等都有腐蚀作用，如金属建筑物出现的锈斑、古代文物的严重风化等。

一氧化氮在空气中可以迅速地转变为二氧化氮。

（3）三氧化二氮

三氧化二氮是一种红棕色气体，助燃，有毒，不稳定，常压下即可分解为一氧化氮和二氧化氮。三氧化二氮对环境有危害，对水体、土壤和大气均可造成污染。

2. 隐形杀手之二氧化硫

二氧化硫是一种无色透明的气体，有刺激性臭味，溶于水。它是大气主要污染物。火山爆发时会喷出该气体，但是大部分二氧化硫因工业过程而产

资料卡片

葡萄酒的保镖——二氧化硫

二氧化硫在葡萄酒中具有杀菌作用，它能够杀死除酵母菌以外的细菌，仅仅让酵母菌在葡萄汁中发挥作用；其次，二氧化硫在葡萄酒中具有增酸作用，使得葡萄酒的风味更佳；除此之外，二氧化硫在葡萄酒中还有抗氧化的作用，保护了葡萄酒中的酚类物质不被氧化，从而使葡萄酒具有美容养颜的功效。另外，它在葡萄酒中还有选择、澄清、溶解等作用呢！

生。煤和石油通常都含有硫元素，燃烧时会生成二氧化硫。二氧化硫溶于水中会形成亚硫酸，进一步氧化便会迅速生成硫酸（酸雨的主要成分）。

二氧碳是制备工业原料——硫酸的必需品，还可以用作有机溶剂、冷冻剂、杀虫剂、杀菌剂和漂白剂。葡萄酒和果酒中也有二氧化硫的身影呢！

3. "不速之客"——雾霾

雾霾，是雾和霾的组合词。它的产生是气候条件与人类活动相互作用的结果。高密度人口的经济及社会活动必然会排放大量细颗粒物，一旦排放超过大气循环能力和承载度，细颗粒物就会持续积聚，出现大范围的雾霾。雾霾主要由二氧化硫、氮氧化物和可吸入颗粒物组成，它们与雾气结合在一起，让天空瞬间变得阴沉灰暗。颗粒物的英文缩写为PM，北京监测的是细颗粒物（$PM_{2.5}$）。它能使大气浑浊、视野模糊并导致能见度恶化，如果水平能见度小于10000米时，我们将这种视程障碍称为霾或灰霾。

雾气看似温和，里面却含有各种对人体有害的细颗粒、有毒物质，达20多种，包括了酸、碱、盐、胺、酚等，以及尘埃、花粉、螨虫、流感病毒、结核杆菌、肺炎球菌等，其含量是普通大气水滴的几十倍。

与雾相比，霾对人的身体健康的危害更大。由于霾中细小粉粒状的飘浮颗粒物直径一般在0.01微米以下，可直接通过呼吸系统进入支气管，甚至肺部。所以，霾影响最大的就是人的呼吸系统，造成的疾病主要集中在呼吸道疾病、脑血管疾病、鼻腔炎症等病种上。

雾霾的源头多种多样，比如汽车尾气、工业排放、建筑扬尘、垃圾焚烧，甚至火山喷发等。雾霾的形成既有"源头"，也有"帮凶"，这就是不利于污染物扩散的气象条件，一旦污染物在长期处于静态的气象条件下积聚，就容易形成雾霾天气。

除了逃离和抱怨，我们还可以做点别的。没有一个时代是完美的，我们需要做的，是做自己可以做的，哪怕是"少开一天车"这样的小事。抱怨和指责都没有意义，行动才有意义，而且，每个人的行动都会有意义。就像荷兰设计师罗斯嘉德说："我想让人们都为治理雾霾出一份力，而不是多制造一些雾霾。"

二、不能忘却的记忆！

1. 比利时马斯河谷烟雾事件

马斯河谷烟雾事件是1930年12月发生在比利时境内的大气污染事件，是20世纪最早记录下的大气污染惨案。马斯河谷是马斯河旁的河谷地段，中部低洼，两侧高山对峙。马斯河谷地区是重要工业区，建有多个炼油厂、金属冶炼厂、玻璃厂和炼锌厂，还有电力厂、硫酸厂、化肥厂和石灰窑炉，工业区全部处于狭窄的盆地中。

1930年12月，时值隆冬，整个比利时大雾笼罩，气候反常。由于该工业区位于狭长的河谷地带，大雾像一层厚厚的棉被覆盖在整个工业区上空，出现了很强的逆温层。逆温层影响空气对流，抑制烟雾

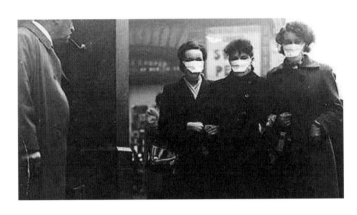

害的氟化物。专家事后进行分析认为，此次污染事件中，几种有害气体与煤烟、粉尘同时对人体产生了毒害，硫的氧化物——二氧化硫气体和三氧化硫烟雾的混合物是主要致害的物质。

反思

在马斯河谷烟雾事件中，地形和气候扮演了重要角色。从地形上看，该地区是一狭窄的盆地；气候反常出现的持续逆温和大雾，使得工业排放的污染物在河谷地区的大气中积累到有毒级的浓度。

值得注意的是，马斯河谷烟雾事件发生后的第二年即有人指出："如果这一现象在伦敦发生，伦

的升腾，致使工厂排出的有害气体和煤烟粉尘在近地面上空大量积累，无法扩散，并在逆温层下积蓄起来，造成大气污染现象。这种气候反常变化的第3天起，河谷地段的居民有几千人呼吸道发病，一星期内63人死亡，为同期正常死亡人数的10.5倍。发病者包括不同年龄的男女，症状大多是咳嗽、呼吸短促、流泪、喉痛、声嘶、胸口窒闷、恶心、呕吐。与此同时，许多家畜也患了类似病症，死亡的也不少。结果证实：刺激性化学物质损害呼吸道内壁是致死的原因。

据推测，事件发生期间，大气中的二氧化硫浓度竟高达25～100毫克/立方米，空气中还含有有

敦公务局可能要对 3200 人的突然死亡负责。"这话不幸言中。22 年后，伦敦果然发生了 4000 人死亡的严重烟雾事件。

2. 震惊世界的伦敦"雾都劫难"

1952 年 12 月 3 日，伦敦迎来一个难得的好天气。这一天，从北海吹来的一股风将伦敦上空的浓雾彻底吹散，空气十分清新。然而，谁也不会想到，灾难正悄悄降临。

12 月 5 日，一个异常情况出现了：伦敦处于死风的状态，当时的风速不超过每小时 3 千米，几乎是静止的。伦敦空气中积聚的大量烟尘经久不散，又因风力太弱无法被带走。于是，大量煤烟从空中飘落，城市迅速被烟雾笼罩。就这样，雾云在伦敦市上空悬浮了 5 天，空气中的烟雾量几乎增加了 10 倍。

伦敦市民对毒雾产生了反应，许多人感到呼吸困难、眼睛刺痛，发生哮喘、咳嗽等呼吸道症状的病人明显增多，进而死亡率陡增。从 12 月 5 日到 12

月8日的4天里，伦敦市死亡人数达4000人。此外，肺炎、肺癌、流行性感冒等呼吸系统疾病的发病率也显著增加。12月9日之后，由于天气变化，毒雾逐渐消散，但此后两个月内，又有近8000人死于呼吸系统疾病。

反思

1952年"伦敦烟雾事件"发生后，英国人开始反思空气污染造成的苦果并给予重视。此后，英国政府制定了一系列的法规措施整治环境。

1954年，颁布了《伦敦市法》。1956年，颁布了《清洁空气法案》，大规模改造城市居民的传统炉灶，减少煤炭用量；发电厂和重工业被迁到郊区。1968年以后，英国又出台了一系列的空气污染防控法案，对各种废气排放进行了严格约束。20世纪80年代后，交通污染取代工业污染成为伦敦空气质量的首要威胁。为此，政府出台了一系列措施来抑制交通污染，包括优先发展公共交通网络、抑制私车发展等。经过50多年的治理，伦敦终于摘掉了"雾都"的帽子，城市上空重现蓝天白云。

3. 美国洛杉矶光化学烟雾事件

美国洛杉矶光化学烟雾事件是1940—1960

年间发生在美国洛杉矶的有毒烟雾污染大气的事件。洛杉矶在 20 世纪 40 年代就已拥有 250 万辆汽车，每天大约消耗 1100 吨汽油，排出 1000 多吨碳氢化合物，300 多吨氮氧化物，700 多吨一氧化碳。另外，还有炼油厂、供油站等其他石油燃烧排放，这些化合物被排放到阳光明媚的洛杉矶上空，不啻制造了一个毒烟雾工厂。洛杉矶三面环山，大气污染物不易扩散，聚集在洛杉矶本地。

1940 年年初开始，洛杉矶每年从夏季至早秋，只要是晴朗的日子，城市上空就会出现一种弥漫天空的浅蓝色烟雾，使整座城市上空变得浑浊不清。这种烟雾使人眼睛发红、咽喉疼痛、呼吸憋闷、头昏、头痛。

1943 年以后，烟雾更加肆虐，以致远离城市 100 千米以外的海拔 2000 米高山上的大片松林也因此枯死，柑橘减产。仅 1955 年，因呼吸系统衰竭死亡的 65 岁以上的老人达 400 多人。后经过研究发现，这种神秘烟雾是由汽车尾气和石油化工等工厂释放的碳氢化合物、氮氧化物、一氧化碳等经过光化学反应形成的，因此为这种烟雾命名为"光化学烟雾"。

反思

洛杉矶市民于 1947 年划定了一个空气污染控制区，专门研究污染物的性质和它们的来源，探讨如何才能改变现状，催生了著名的《清洁空气法》。经过近 40 年的治理，尽管洛杉矶的人口增长了近三倍、机动车增长了四倍多，但该地区发布健康警告的天数却从 1977 年的 184 天下降到了 2004 年的 4 天。

小朋友，从上面的事件中，你了解了哪些空气污染的知识？

请试着讲给你周围的人听，让我们一起为关爱环境、保卫地球家

园做出努力！